INSTRUCTION

SUR LA MANIÈRE

D'EMPLOYER LE PLATRE

COMME AMENDEMENT,

DANS LA CULTURE DES PRAIRIES ARTIFICIELLES ET SUR
LES AVANTAGES QUE L'ON PEUT EN TIRER.

PAR M. THIBAUD,

INGÉNIEUR DES MINES.

(Extrait des Annales des Mines, IIIe. Série, Tome VI).

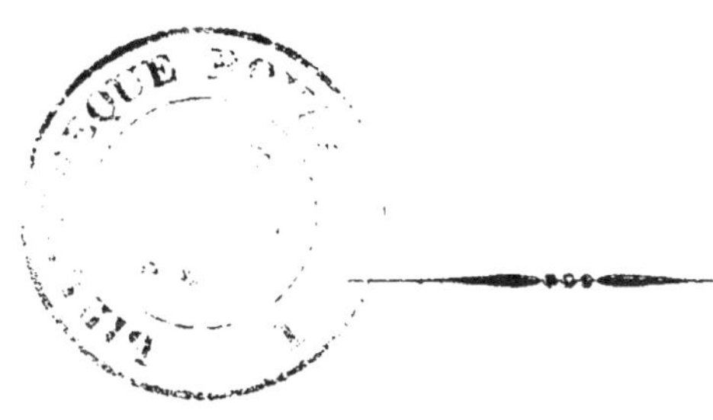

A PARIS,

CHEZ CARILIAN-GOEURY, LIBRAIRE

DES CORPS ROYAUX DES PONTS ET CHAUSSÉES ET DES MINES,

QUAI DES AUGUSTINS, N°. 41.

1834.

PARIS. — IMPRIMERIE ET FONDERIE DE FAIN,
RUE RACINE, N°. 4, PLACE DE L'ODÉON.

INSTRUCTION

Sur la manière d'employer le plâtre comme amendement, dans la culture des prairies artificielles et sur les avantages que l'on peut en tirer.

Par M. THIBAUD, ingénieur des Mines.

L'emploi du plâtre dans la culture des prairies artificielles était à peine connu en France il y a 40 ans, pendant que la Suisse, l'Allemagne, l'Angleterre et les États-Unis d'Amérique en tiraient déjà un grand parti. Introduction.

Depuis lors, et de proche en proche, l'emploi de cette substance minérale, comme amendement, s'est étendu et généralisé dans presque toute la France, et partout où elle a été répandue à propos, en temps et en proportion convenables, on en a obtenu des résultats satisfaisans.

Cette pratique s'est également répandue dans le midi de la France; néanmoins elle y est encore peu connue dans quelques départemens, tels que ceux du Gard et de l'Hérault, quoiqu'il y existe plusieurs carrières de pierre à plâtre, et que les cultivateurs puissent se procurer généralement cette matière à un prix peu élevé.

Leur faire connaître les avantages qu'ils ne peuvent manquer de retirer de l'emploi du plâtre et la manière de s'en servir, tel est l'objet de cette notice, qui a été rédigée sur la demande de M. le conseiller d'état directeur général des ponts et chaussées et des mines.

La pierre à plâtre ou gypse est un composé de chaux, d'acide sulfurique et d'eau dans les proportions suivantes :

Chaux.	o,33
Acide sulfurique. .	o,46
Eau.	o,21
Total. . . .	1,00

Par la calcination à une chaleur suffisante, le gypse perd l'eau qu'il contenait, devient friable, avide d'humidité ; tout le monde sait qu'à l'état pulvérulent, et lorsqu'on y ajoute de l'eau, le plâtre l'absorbe rapidement, se gonfle et se durcit, et que c'est de cette propriété que résulte son emploi dans les constructions.

Le plâtre cru et le plâtre cuit sont employés en agriculture à l'état pulvérulent.

En France on le préfère généralement cuit, parce qu'il coûte moins à pulvériser et que ses effets sont plus prompts quoique moins durables. Dans quelques départemens du nord et de l'est de la France, en Suisse, en Allemagne, en Angleterre et en Amérique, on l'emploie le plus souvent cru.

L'exploitation de la pierre à plâtre est presque toujours facile, parce que, ce minéral se trouvant près de la surface du sol, on peut ordinairement l'extraire à ciel ouvert comme dans une carrière de pierre ordinaire. On emploie le pic, le coin et la poudre : ce travail est trop connu pour qu'il soit nécessaire de le rappeler.

Le mode de cuisson de la pierre à plâtre varie selon l'usage auquel on la destine.

Pour les constructions où il faut un plâtre sans mélange, on le cuit dans des fours à calcination périodique avec du bois ; ce sont des prismes rectangulaires de 3 à 4 mètres de hauteur, fermés par le haut, avec une ouverture sur l'un des côtés pour le chargement, et un trou en haut pour la sortie des fumées. Dans le bas on ménage un espace pour la combustion du bois, au moyen d'une voûte ou d'une grille faite avec des barreaux de fer que supportent deux murs. En 7 ou 8 heures le plâtre est cuit, on obtient par fournée 10 à 12 mille kilogrammes de plâtre.

Pour l'agriculture, où il importe peu que le plâtre soit mélangé de cendres, mieux vaut le cuire à la houille dans un four à calcination continue : ce dernier est analogue à un four à chaux et se compose d'un cône tronqué renversé, de 3 à 4 mètres de hauteur, et de 3 mètres environ de diamètre dans le haut; on n'y met la pierre qu'après l'avoir concassée en menus morceaux et on l'y stratifie par couches successives avec de la houille menue, en ayant soin de mettre les plus gros morceaux vers le centre et les plus menus vers la circonférence; on recharge par le haut la pierre et le charbon, au fur et à mesure qu'on retire le plâtre cuit par en bas.

Cette méthode de cuisson est plus expéditive et plus économique que la précédente : on peut obtenir en 24 heures, dans un seul four, 150 à 200 quintaux métriques de plâtre, en consommant 5 à 6 hectolitres de houille menue.

Au sortir du four, on écrase le plâtre avec soin à bras d'hommes avec des battes ou masses en fer, ou mieux encore, si l'exploitation est importante, au moyen d'une meule verticale mise en mouvement par un cheval. On peut obtenir par meule 30 quintaux métriques par jour de plâtre pulvérisé. En le retirant de dessous la meule, on le tamise et on le renferme soigneusement dans des sacs, ou bien on l'entasse dans des magasins secs et bien fermés.

Prix du plâtre.   Le plâtre cuit se vend sur les carrières du Gard 40 à 60 centimes le quintal de 42 kilogrammes, c'est-à-dire 1 fr. à 1 fr. 40 le quintal métrique; rendu à Alais il vaut 2 fr. à 2 fr. 40 le quintal métrique.

Améliorations à introduire dans cette industrie.   Ce prix pourrait être moindre si l'on cuisait le plâtre avec la houille menue dans les fours à calcination continue, et si généralement on le broyait sous des meules mues par des chevaux. L'amélioration des chemins qui conduisent aux carrières permettrait de substituer le transport à charrettes à celui à dos de mulets, et diminuerait le prix du transport de cette matière. Enfin , si son emploi en agriculture devenait plus général, son prix diminuerait encore, parce que les entrepreneurs, pouvant travailler toute l'année et sur une plus grande échelle, l'exploiteraient avec plus d'économie.

Le meilleur plâtre pour le cultivateur est celui qui est nouvellement et parfaitement calciné, qui est pulvérisé le plus fin sans mélange de criblures ou de gros morceaux, et auquel on n'a pas ajouté des matières étrangères, telles que des pierres calcaires, etc.

Essai du plâtre.   On reconnaîtra le mélange de calcaire en y versant du vinaigre ou tout autre acide qui y produira une effervescence. Il sera bien cuit lorsqu'en y jetant de l'eau elle sera absorbée promptement, que le plâtre se gonflera et finira par prendre de la consistance. Le meilleur plâtre sera celui qui absorbera le plus d'eau.

C'est principalement sur les prairies artificielles

que l'on a reconnu les bons effets du plâtrage, et principalement sur les trèfles, les luzernes, les sainfoins, et en général sur toutes les plantes de la famille des légumineuses à feuilles larges et épaisses. Il améliore aussi les prairies naturelles qui contiennent beaucoup de trèfles, de vesces et autres plantes analogues; mais l'action du plâtre est nulle sur les céréales et les graminées, dont les feuilles sont sèches et droites.

Il paraît qu'il agit en attirant l'humidité de l'air et en stimulant l'action vitale des plantes. Ce qui tend à le prouver, c'est que les prairies artificielles plâtrées se couvrent d'une rosée plus abondante, les racines prennent beaucoup plus de grosseur et de développement, les plantes sont moins exposées à la sécheresse.

Quel que soit au reste le mode d'action du plâtre, il est certain que dans presque tous les terrains, pourvu qu'ils ne soient ni gypseux, ni humides, ni trop argileux, il accroît de beaucoup les produits des prairies artificielles; c'est surtout dans les terres fertiles, sèches et légères qu'il agit généralement le mieux. Il double très souvent la récolte des trèfles et des luzernes et quelquefois celle du sainfoin. Mais ce n'est pas là le seul avantage qu'il procure au cultivateur; en développant une plus forte végétation des plantes fourragères, il empêche les mauvaises plantes de s'y développer, la prairie artificielle dure par suite plus long-temps, et après son défrichement les récoltes de céréales qui succèdent sont plus assurées et plus abondantes.

Le plâtre se répand sur les prairies artificielles à la volée, comme si l'on semait du blé; c'est ordinairement en mars ou avril, lorsque les plantes s'élèvent au-dessus du sol de quelques pouces, et le recouvrent entièrement, de manière à ce que le plâtre tombe le plus possible sur les feuilles et non sur la terre. On choisit à cet effet un temps humide ou brumeux, menaçant pluie, et l'on commence de grand matin avec la rosée : il faut éviter la pluie et le vent pendant l'opération.

On reconnaît que l'opération est bonne lorsque les feuilles des plantes sont uniformément blanchies. La réussite est certaine lorsqu'une pluie légère survient peu de jours après. Il faut se garder de plâtrer lorsqu'on craint des gelées : elles anéantiraient tout le bon effet du plâtrage. Au bout de 10 à 15 jours, si les circonstances atmosphériques sont favorables, ses bons effets se font déjà sentir. Dans le cas contraire on peut plâtrer de nouveau après la première coupe si la saison est humide et pluvieuse ; sinon on attendra après la coupe d'automne, ou le printemps suivant.

La quantité de plâtre à employer varie selon les terrains, les climats, etc. Généralement on en répand depuis deux jusqu'à six hectolitres par hectare ; c'est à chaque cultivateur à reconnaître par quelques essais préliminaires la quantité qui convient le mieux à son terrain.

Les effets du plâtre se font sentir sur les prairies artificielles pendant deux ou trois ans ; il est donc inutile de plâtrer plusieurs fois dans l'année, et même tous les ans, d'autant plus que des plâtrages trop souvent répétés finiraient par appauvrir et épuiser la terre. Ainsi, pour les trèfles que l'on défriche la troisième année, un seul plâtrage au printemps de la première année suffit ; pour les luzernes et les sainfoins dont la durée est plus longue, on ne doit les plâtrer que tous les deux ou trois ans ; dans les années intermédiaires il convient de fumer, si l'on veut constamment avoir de bons fourrages et ne pas épuiser le terrain.

Dans le Gard et l'Hérault, la plante fourragère que l'on cultive le plus généralement en prairie artificielle est le sainfoin (ou esparcette).

Prairies artificielles qui conviennent au midi de la France.

Le trèfle et la luzerne sont certainement d'excellens fourrages ; mais il faut au trèfle des terrains argileux et humides que l'on rencontre rarement, ou qui reçoivent d'autres cultures ; il craint d'ailleurs beaucoup la sécheresse. La luzerne ne réussit bien que dans de bonnes terres arrosables ; elle exige des labours profonds et multipliés et beaucoup d'engrais.

trèfle et luzerne.

Le sainfoin, au contraire, réussit dans des sols arides, surtout dans les terrains calcaires et pierreux qui s'étendent sur une partie de ces deux départemens. Les expositions les plus chaudes lui conviennent, il améliore le sol au lieu de l'épuiser, et le prépare pour produire de bonnes récoltes en céréales. Il exige peu de frais de culture, peu d'engrais, pas d'arrosage, et dès la deuxième année il donne d'abondans produits. Enfin il offre une nourriture saine et substantielle pour les bestiaux, soit en herbe, soit en fourrage sec. On le cultive très en grand dans le département du Gard ; voici comment on procède aux environs d'Alais pour établir une culture de ce genre.

Sainfoin.

On fait un premier labour en novembre ou décembre, on en fait un second un mois après, et l'on sème le sainfoin au commencement d'avril. En Provence, et dans les parties plus méridionales du Languedoc, où l'on craint moins l'effet des gelées, on le sème en automne.

Le sainfoin, ainsi cultivé dans des terrains médiocres, calcaires et pierreux, donne une ou deux coupes par an; il dure quatre ou six ans sans employer aucun engrais; alors il dépérit, les mauvaises plantes y abondent, et l'on est obligé de le défricher pour y cultiver ensuite des céréales. On ne doute pas que le plâtrage ne prolongeât la durée de la prairie et n'améliorât les produits. Dans les bons terrains, en faisant alterner le plâtrage et les engrais de deux en deux ans, les récoltes en sainfoin seraient bien plus abondantes, la prairie durerait douze à quinze ans sans que le sol fût épuisé, et les récoltes en céréales qui viendraient après le défrichement seraient assurées. Pour la luzerne et le trèfle on devra procéder de la même manière, si l'on veut obtenir d'abondantes récoltes sans épuiser le terrain.

Le plâtrage, adopté dans un grand nombre de départemens de la France, a permis d'obtenir plusieurs récoltes de céréales dans des terrains qui jusqu'alors n'en paraissaient pas susceptibles, de nourrir une plus grande quantité de bestiaux, d'obtenir plus d'engrais, et d'accroître par là la production et la valeur des terres.

Avantages du plâtre dans l'agriculture du midi. Dans le Gard et l'Hérault, où il existe une si grande étendue de terrains calcaires, pierreux, secs et arides, qui ne donnent que de loin en loin de chétives récoltes, où les engrais manquent généralement, parce que les prairies naturelles y sont rares, et qu'elles ne réussissent bien qu'étant arrosées, on ne saurait trop recommander la pratique du plâtrage des prairies artificielles, surtout de celles de sainfoin. Elles ne peuvent manquer de réussir si l'on prépare bien le sol avant de les établir, au moyen de plusieurs labours, et si on les entretient en bon état par des plâtrages et des fumages alternatifs.

A la suite des défrichemens, on aura de belles récoltes en blé et autres céréales, si l'on a soin surtout d'y intercaler des cultures moins épuisantes, et de ne pas fatiguer le sol en lui demandant trop fréquemment la même production.

Les cultivateurs du Midi doivent donc se hâter d'adopter plus généralement le plâtrage ; il est reconnu qu'un quintal de plâtre, coûtant moyennement 1 fr. 50 à 2 fr., fécondera mieux la terre qu'un char de fumier valant 8 à 12 fr., et qu'il est souvent difficile de se procurer.

Carrières qui peuvent approvisionner le midi.

Les cultivateurs des arrondissemens d'Alais et du Vigan pourront obtenir du plâtre à un prix peu élevé des carrières de Générargues, près d'Anduze, de la Salle et de Saint-Jean-du-Gard. Il existe aussi à Rochebelle, dans la commune d'Alais et dans celle de Blannaves, des gisemens de plâtre qui pourraient être utilisés.

Les carrières des départemens de la Drôme, de l'Isère et du Rhône pourraient en approvisionner les communes du Gard et de l'Ardèche, qui sont assez rapprochées du Rhône.

Enfin, il existe dans l'Hérault plusieurs plâtrières, notamment sur les communes de Cruzy, de Quarante, de Calzouls et d'Hérépian, dans l'arrondissement de Béziers, et sur celles de Clermont et Soubès, dans l'arrondissement de Lodève, qui pourraient être utilisées pour les besoins de l'agriculture de ce département et de celui de l'Aude.